中國地理繪本
陝西、山西、內蒙古、新疆

鄭度◎主編　黃宇◎編著　愛瑪·瑪柳卡◎繪

中華教育

責任編輯　梁潔瑩　劉萄諾

裝幀設計　龐雅美

排版　龐雅美

印務　劉漢舉

中國地理繪本

陝西、山西、內蒙古、新疆

鄭度◎主編　黃宇◎編著　愛瑪·瑪柳卡◎繪

出版 / 中華教育

香港北角英皇道 499 號北角工業大廈 1 樓 B 室

電話：(852) 2137 2338　傳真：(852) 2713 8202

電子郵件：info@chunghwabook.com.hk

網址：http://www.chunghwabook.com.hk

發行 / 香港聯合書刊物流有限公司

香港新界荃灣德士古道 220-248 號荃灣工業中心 16 樓

電話：(852) 2150 2100　傳真：(852) 2407 3062

電子郵件：info@suplogistics.com.hk

印刷 / 美雅印刷製本有限公司

香港觀塘榮業街 6 號海濱工業大廈 4 樓 A 室

版次 / 2023 年 1 月第 1 版第 1 次印刷

©2023 中華教育

規格 / 16 開 (207mm x 171mm)

ISBN / 978-988-8809-17-2

目錄

※ 中國各地面積數據來源：《中國大百科全書》（第二版）；
　　中國各地人口數據來源：《中國統計年鑒2020》（截至2019年年末）。

※ ◎為世界自然和文化遺產標誌。

三秦大地 —— 陝西

陝西簡稱陝或秦，因西楚霸王項羽曾將關中地區一分為三，分別封給三名秦朝降將，所以又常被稱為「三秦大地」。

省會：西安
人口：約 3876 萬
面積：約 21 萬平方公里

法門寺
法門寺是佛教聖地，有近 2000 年的歷史，供奉着釋迦牟尼的指骨舍利。

西安鼓樂
西安鼓樂是流傳在西安及其周邊地區的鼓吹樂，是中國傳統器樂文化的典型代表。

未央宮
未央宮是西漢時期的宮殿，現僅存有遺址。

親愛的莎莎：
　　我在西安看了皮影戲，特別有意思。據說皮影戲源於西漢時期漢武帝與他的愛妃李夫人的故事。我還給你買了皮影玩具喔！

露露

皮影戲
皮影戲又稱「影子戲」，是一種以獸皮或紙板做成人物剪影來表演故事的民間戲劇。

陝西歷史博物館
這裏藏有三彩載樂駱駝俑、鑲金獸首瑪瑙杯、葡萄花鳥紋銀香囊等國寶級文物。

西安交通大學
西安交通大學為中國著名的高等學府之一，以理工科為特色。

回民街
回民街是著名的美食文化街區，可以吃到肉夾饃、羊肉泡饃、陝西涼皮等特色小吃。

大唐芙蓉園
大唐芙蓉園是仿照唐代皇家園林建造的主題公園，這裏有大型水幕電影，特別震撼。

藍田玉
藍田玉是中國四大名玉之一。

地形地貌
南北高、中間低，北部地處黃土高原。

氣候
跨越中溫帶、暖溫帶和北亞熱帶三大氣候帶。

自然資源
礦產豐富，農業發達，省內出產粟米、棉花、小麥等。

秦腔
秦腔是中國最古老的戲劇種類之一，演員常用吐火絕技。

秦嶺四寶
秦嶺四寶為生活在秦嶺的四種動物，即朱鷺、大熊貓、金絲猴、羚牛。

古代報時，早晨擊鐘，傍晚擊鼓，即「晨鐘暮鼓」。西安的鐘樓和鼓樓便為此而建。那裏古樸典雅的鐘樓是中國最大、保存最完整的鐘樓。

秦蜀古道
秦蜀古道是古代從關中平原通往成都平原的重要通道，沿線有眾多文化遺產。

著名古都西安

西安，古稱長安，是中華文明的重要發祥地之一，歷史上先後有多個王朝在西安建都。西安是一座歷史文化底蘊十分深厚的古都，也是古代絲綢之路的起點。

華清宮

皇家宮殿

西安的皇家宮殿有很多，如大明宮、未央宮、華清宮等，但大都毀於戰火，只存留遺址，或在遺址基礎上重建。其中的華清宮因唐玄宗和楊貴妃的愛情故事享譽中外。

小雁塔形狀與大雁塔相似，但體量略小一些，由此得名。

大雁塔前有玄奘法師的雕像。

大雁塔廣場是亞洲著名的唐文化主題廣場和噴泉廣場。

大雁塔

大雁塔始建於1300多年前，位於大慈恩寺內，是玄奘為供奉從印度帶回的經卷、佛像而建，並因「玄奘取經」的故事而馳名。大慈恩寺是聞名世界的佛教寺院，也是唐朝長安著名的譯經場所。

古城牆上有不少遊覽的人。
城牆上允許騎行，還會舉辦國際
馬拉松比賽。

漫步古城牆

西安的古城牆是中國現存規模最大、保存最完整的古代城垣，主城門有長樂門、永寧門、安定門、安遠門。著名的西安鐘樓和鼓樓就位於古城區中心。

永寧門經常有古裝表演。

世界奇跡兵馬俑

兵馬俑坑是秦始皇陵的陪葬坑，坑內有大量的陶俑、陶馬和青銅兵器等，再現了秦始皇當年行軍作戰、統一六國的宏大陣容，有人稱其為「世界第八大奇跡」。兵馬俑被深埋於地下 2000 多年，在當地人挖井時才被發現。

秦始皇

秦始皇是中國第一個大一統王朝——秦朝的開國皇帝，被明朝思想家李贄讚譽為「千古一帝」。

秦始皇陵銅車馬

秦始皇陵銅車馬由青銅打造，重現了秦始皇鑾駕出巡的場面，被譽為「青銅之冠」。

彩繪兵馬俑

兵馬俑坑內出土的陶俑原本都是彩色的，但出土後色彩塗層脫落。

秦始皇陵

　　秦始皇陵位於驪山北麓，為秦始皇嬴政的陵墓。四周分佈着形制不同的陪葬坑，包括舉世聞名的兵馬俑坑。

跪射俑

　　秦始皇兵馬俑博物館內展示了各種陶俑，其中的跪射俑比一般的陶俑更加精細。

博物館內展示的石甲冑。

以俑殉葬

　　在奴隸社會，奴隸主死後奴隸要為主人陪葬，後來出現了以俑殉葬的形式。秦始皇陵兵馬俑便是以俑代人殉葬的典型。

革命聖地延安

延安酸棗

黃龍核桃

被羣山環抱着的延安不僅是歷史悠久的古城，還是中國革命的聖地。這裏留下了不少革命故事。

寶塔山

魏魏寶塔山，清清延河水。寶塔山已成為延安的標誌和象徵，它因那段不平凡的革命歷史名揚天下。山上古塔高聳，尤為醒目。山下有歷代遺留下來的摩崖石刻，其中以范仲淹寫的「嘉嶺山」最為著名。

壺口瀑布

作為世界第一大黃色瀑布，壺口瀑布每天都吸引眾多遊客。黃河奔流到此，河口收束如壺口，河水奔騰而下，形成了「千里黃河一壺收」的壯觀景色，讓人領略到「黃河在咆哮」的浩大氣勢。

棗園

棗園是一處園林式革命紀念地,曾是中共中央書記處所在地,內有毛澤東、朱德、周恩來等人的舊居,具有重要的歷史紀念意義。走過一間間窯洞,看到一幅幅珍貴的照片,能夠真切體會到延安精神的真正含義。

「龍魂」大鐘

「龍魂」大鐘為公祭黃帝所用的禮器。

黃帝陵

作為中華文明的精神標識,黃帝陵早已成為人們尋根問祖的地方。黃帝陵是中華民族的人文初祖軒轅黃帝的陵寢,曾是歷代帝王和名人祭祀黃帝的場所。在黃帝陵古柏羣中,有一株柏樹已生長了幾千年,相傳為黃帝親手所植。

頭戴白羊肚手巾的陝北人。

山丹丹花

山丹丹花是生長在黃土高原上的紅百合，因《山丹丹開花紅豔豔》這首歌曲而為人們所熟知。

信天游

作為民歌薈萃之地，陝北民歌種類很多，以信天游最有特色和代表性。

我家住在黃土高坡

黃土高原是中國四大高原之一，獨特的地理環境孕育了獨特的文化，產生了以窯洞為代表的民居和以信天游、安塞腰鼓為代表的民間文藝。

窯洞是黃土高原上的特色民居。

陝北秧歌

　　陝北秧歌是流傳於陝北黃土高原的一種地方傳統舞蹈，歷史悠久，形式多樣。

安塞腰鼓

　　安塞腰鼓是廣泛流傳於陝北地區的民俗舞蹈，舞蹈豪邁奔放，展現了當地人的喜悅心情。

　　嘹亮的嗩吶聲為陝北黃土高原增添了別樣的韻律。

自古華山一條路

華山古稱西嶽，是中國著名的五嶽之一，自古便有「奇險天下第一山」的稱呼。幾大主峯各有美景，西峯的絕壁、東峯的日出、南峯的奇松、北峯的雲霧吸引了無數遊覽者。

華山西峯相傳是《寶蓮燈》中沉香劈山救母的地方，有一巨石中間裂開，名為「斧劈石」。

華山論劍

「華山論劍」出自金庸先生的《射鵰英雄傳》，在華山上能看到「華山論劍」的石刻。

華山是著名的道教聖地，自古便有很多道教高人。

華山北峯山勢險峻，三面絕壁，當年解放軍智取華山的事跡就發生在這裏。

華山有幾段登山台階
十分陡峭，堪稱「雲梯」。

蒼龍嶺

　　蒼龍嶺是華山著名險
道之一。傳說唐朝時韓愈
登至蒼龍嶺不敢下，放聲
大哭，寫好了遺書扔到山
下。有村民撿到報告給當
地縣令，韓愈才被接下山。

　　長空棧道被譽為「華山第一
天險」，是在華山南峯的絕壁上開
鑿的棧道，下面便是萬丈深淵。

絲綢之路因何而偉大

李希霍芬

絲綢之路起源於西漢時期，以西安為起點，經甘肅、新疆，到達中亞和西亞，連接起地中海各國的陸上通道，一直到達古羅馬，促進了東西方國家的經濟文化交流，至今仍有重要的價值和作用。

絲綢之路開通了

漢武帝時，張騫出使西域，打通了漢朝通往西域的道路，史學家司馬遷將此稱為「鑿空」，即開通道路的意思。貿易通道開通後，交易的物品多為絲綢，所以這條陸上通道被德國地理學家李希霍芬稱為「絲綢之路」。

絲綢之路路線圖

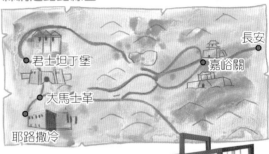
君士坦丁堡
長安
嘉峪關
大馬士革
耶路撒冷

西域高僧鳩摩羅什和唐朝高僧玄奘通過此路弘揚了佛教文化。

絲綢用蠶絲織成，是中國的特產，隨着絲綢之路的開通成為世界聞名的商品。

駱駝是絲綢之路上的重要交通工具。

有「出口」也有「進口」

除了絲綢，中國瓷器與茶葉等物資也源源不斷地運往西方，並從西方各國換回了馬匹、香料、珠寶、水果、蔬菜等，來往的商隊和使者絡繹不絕。

胡蘿蔔、番茄、胡麻（芝麻）都是從國外傳進中國的，名字中帶有「胡」「番」等字。

汗血寶馬

汗血寶馬是從古代中亞國家大宛獲取的優良馬種。汗血寶馬的學名是阿哈爾捷金馬，力量大、速度快、耐力強，是世界上最古老的馬種之一。

四大發明

造紙術、指南針、火藥和印刷術傳入西方各國，產生了巨大影響。

絲路集市

在絲綢之路的集市上，能看到來自中國的絲綢、藥材、瓷器，還有其他國家的皮貨、蜂蜜等。

雄關漫道和文明古國

絲綢之路是一條橫貫歐亞大陸的貿易交通線，途中跨越高山，穿過沙漠，途經無數古老城邦。這些古老城邦猶如一顆顆明珠閃耀着光芒，展現了燦爛的世界文化。

玉門關是絲綢之路的重要關口。

河西走廊

河西走廊是絲綢之路的要道，位於甘肅省境內，武威、張掖、酒泉、敦煌是當時有名的河西四郡。

樓蘭古城

樓蘭古城位於羅布泊西北，曾是絲綢之路上的新興都市，一度十分繁華，後被黃沙淹沒，如今只留下遺跡。

交河故城

交河故城是一座古老、完整的夯土城市，有重要的歷史價值。

表裏山河 —— 山西

省會：太原
人口：約 3729 萬
面積：約 16 萬平方公里

山西在太行山以西，故而得名，簡稱晉，有山河天險為屏障，自古就有「表裏山河」的說法。

喬家大院
喬家大院原名「在中堂」，是清代著名晉商喬氏家族的宅第。

皇城相府
皇城相府是康熙皇帝的老師陳廷敬的故居，被譽為「中國北方第一文化巨族之宅」。

跑竹馬
跑竹馬表演時，竹馬繫於表演者的腰部，就好像人在騎馬一樣，是一種傳統的民間舞蹈形式。

跑旱船
跑旱船是中國民間的表演藝術形式之一，是一種模擬水中行船的民間舞蹈。

喬致庸
喬致庸是晉商代表人物，人稱「亮財主」。

親愛的爺爺：

您真的應該和我們一起來山西，這裏的麵食花樣可多了，我們吃到了好吃的刀削麵、莜麵栲栳栳，還有貓耳朵。您不是最愛吃麵食嗎？下次我們一起來，好嗎？

露露

地形地貌
東北高、西南低，多為黃土覆蓋的山地高原。

氣候
溫帶大陸性季風氣候。

自然資源
野生動植物分佈廣泛，多煤礦、鐵礦資源。

大同九龍壁
大同九龍壁是中國現存最大、建築年代最早的一道龍壁，前方有倒影池。

高蹺
高蹺北方較多，是在舞蹈者腳上綁着有踏腳裝置的木棍進行表演，有鮮明的地域特色。

雁門關
雁門關是長城上的重要關隘。

煤礦開採
山西礦產資源豐富，有「煤鐵之鄉」的稱號。

武則天
武則天是山西文水人。

晉祠
晉祠是歷史悠久的園林式皇家祠堂，難老泉、侍女像、周柏被譽為「晉祠三絕」。

老陳醋
老陳醋是山西特產，有「天下第一醋」的美譽。

山西洪洞大槐樹
山西洪洞大槐樹是明初移民的集散地，有很多故事傳說。

大同市的雲岡石窟依山開鑿，是中國三大石窟之一，始建於北魏時期，距今有 1500 多年的歷史。

逛不完的古跡

在山西大地的奇山峻嶺、雄關險隘中保留了許多珍貴的佛教古跡，山西是佛教文物和藝術的寶庫。

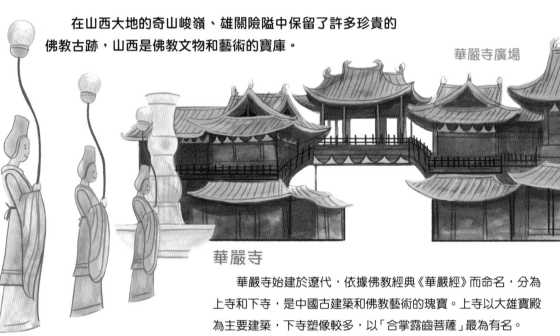

華嚴寺廣場

華嚴寺

華嚴寺始建於遼代，依據佛教經典《華嚴經》而命名，分為上寺和下寺，是中國古建築和佛教藝術的瑰寶。上寺以大雄寶殿為主要建築，下寺塑像較多，以「合掌露齒菩薩」最為有名。

五台山 ◎

五台山是世界文化景觀遺產，中國佛教四大名山之一，也是世界五大佛教聖地之一，傳說是文殊菩薩的修行地。五台山寺廟眾多，有顯通寺、佛光寺、菩薩頂、塔院寺、萬佛閣等。

塔院寺內的大白塔是五台山的主要標誌，寺廟也因此得名。

「合掌露齒菩薩」被鄭振鐸讚譽為「東方維納斯」。

懸空寺

懸空寺建於北魏時期，「懸掛」在北嶽恆山的峭壁上，是中國現存唯一的佛、道、儒三教合一的獨特寺廟，至今有1500多年的歷史。

懸空寺的三教殿中同時供奉着老子、孔子和釋迦牟尼塑像。

應縣木塔

佛宮寺釋迦塔位於山西應縣，俗稱應縣木塔，為世界現存最古老的木塔。木塔沒用一釘一鉚，是純木結構，與意大利比薩斜塔、法國艾菲爾鐵塔並稱為「世界三大奇塔」。塔內供奉着兩顆釋迦牟尼佛牙舍利。

塔上匾額眾多，其中「峻極神工」為明成祖朱棣所題，「天下奇觀」為明武宗朱厚照題寫。

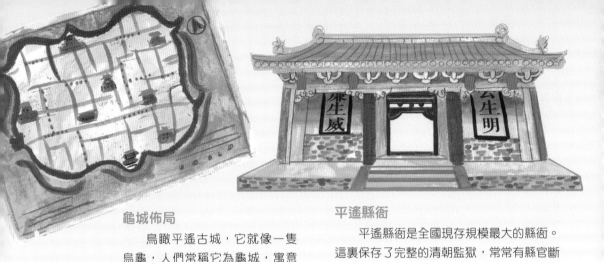

龜城佈局

鳥瞰平遙古城，它就像一隻烏龜，人們常稱它為龜城，寓意着固若金湯、長治久安。

平遙縣衙

平遙縣衙是全國現存規模最大的縣衙。這裏保存了完整的清朝監獄，常常有縣官斷案的演出。

晉商故里 —— 平遙

山西的平遙是一座明代古城，如今還保留着明清時期縣城的基本風貌，城內有票號、縣衙、文廟、鏢局等。

明清一條街

明清一條街是平遙古城的南大街，集中保存了明清時期的商舖遺跡，有票號、錢莊、當舖、綢緞莊等各種行當的店舖，是古城最重要、最繁華的商業街。

文廟是祭祀孔子的地方，始建於唐貞觀初年。

日升昌創始人雷履泰的雕像。

票號

晉商首創了中國歷史上的票號。平遙古城的日升昌是晉商的第一家票號，開創了中國民族銀行業的先河，分號不僅遍佈全國，還遠及歐美和東南亞國家，以「匯通天下」著稱於世。

點將台

相傳周宣王即位後，派大將尹吉甫率兵北伐，在此屯兵點將，練兵。點將台上有士兵操練像。

建在城門外的小城為甕城，可增強城池的防禦能力。

華北第一鏢局

華北第一鏢局博物館有許多當時押鏢使用的用具，展現了當年走鏢時的狀況。

點將台上的雕像

馬面

馬面是城牆向外突出的附着墩台，如同馬的臉，由此得名。馬面上的敵樓用以瞭望敵情。

風吹草低見牛羊——內蒙古

首府：呼和浩特
人口：約2540萬
面積：約118萬平方公里

內蒙古自治區簡稱內蒙古，那裏有廣袤的大草原和數不清的牛羊。

地形地貌
　　地勢高，為高原型地貌。

氣候
　　溫帶大陸性氣候。

自然資源
　　多森林、礦產，擁有中國最大的草原牧區。

烏蘭察布風電基地
　　草原多風，常利用風力發電。綠色草原上一排排白色的「大風車」令人歎為觀止。

勒勒車
　　勒勒車是草原上古老的交通運輸工具，現已成為草原的「裝飾品」。

猛獁公園
　　猛獁公園位於「猛獁故鄉」扎賚諾爾，有很多猛獁象雕塑，雕塑造型各異，栩栩如生。

陰山岩畫
　　陰山岩畫記錄了古代遊牧民族的活動，很有生活氣息。

大明塔
　　大明塔位於遼中京遺址，規模宏偉，是傑出的遼代佛塔。

額濟納旗胡楊林

響沙灣
　　這裏的沙子會「唱歌」，滑沙時會聽到轟鳴聲。

親愛的外婆：

　　我和爸媽在額濟納旗胡楊林看到了好多胡楊。爸爸說胡楊生命力特別強，能「生長千年不死，死後千年不倒，倒後千年不朽」，人們都叫它「沙漠英雄樹」，十分珍貴。

露露

22

曲棍球

曲棍球是達斡爾族同胞最喜愛的傳統體育項目。

馴鹿

過去，鄂溫克族同胞以馴鹿為生，形成了獨特的馴鹿文化。

白樺樹

內蒙古林區盛產白樺樹，當地的鄂倫春族同胞用它製作樺皮船。

敖包原為石頭堆成的路標，後來演變成祭祀場所。祭敖包是蒙古族的傳統習俗，人們會排成長隊前來祭祀，獻上哈達，還會圍着敖包跳起熱情的安代舞，唱蒙古族長調民歌。

五當召

五當召為佛教寺廟。「召」是「廟宇」的意思。

牧馬

過去，蒙古族同胞以馬為主要交通工具，常被我們稱為「馬背上的民族」。

中國乳都呼和浩特

呼和浩特的蒙古語意為「青色的城」。呼和浩特是歷史悠久的塞外名城，有中國「乳都」之稱，擁有伊利、蒙牛兩大國內知名乳業品牌。

跳恰木是大召無量寺的佛事活動。

大召無量寺

大召無量寺是佛教寺廟，也被稱作「大召寺」，因為寺內供奉着一座銀佛，又稱「銀佛寺」。寺內的菩提過殿、天王殿等建築，神祕的跳恰木、佛教音樂，以及文物和藝術品，共同構成了獨特的召廟文化。

金剛座舍利寶塔

金剛座舍利寶塔因塔座上有五座方形舍利塔，又名五塔寺。塔後照壁嵌有蒙古文天文圖，尤為珍貴。

大召無量寺的釋迦八塔是為了紀念釋迦牟尼一生的八大功德而建造的。

昭君博物院

　　王昭君原為漢代宮女，是中國古代四大美女之一，相傳有「落雁」之美，後以公主身份遠嫁塞外，從此有了「昭君出塞」的故事。昭君博物院由王昭君墓及一系列紀念建築組成，是民族友好的象徵。

　　昭君墓也稱「青塚」。墓前有呼韓邪單于與王昭君的大型銅像。

「塞外西湖」哈素海

　　哈素海即蒙古語音譯哈拉烏素海的簡稱，意為黑水湖，有「塞外西湖」的美稱。哈素海與大青山之間的廣闊草場在歷史上被稱為敕勒川，是北魏民歌《敕勒歌》描繪的地方。

草原上的風雲人物

在內蒙古廣袤的大草原上，有過很多英雄人物，最為人們所熟知的便是成吉思汗和忽必烈。

一代天驕成吉思汗

成吉思汗本名鐵木真，他使草原部落一一臣服，實現了空前的大一統，建立了蒙古汗國，並創立了蒙古文，被尊為成吉思汗。元朝建立後，他被尊封為元太祖。

成吉思汗

《蒙古歷史長卷》巨幅歷史畫講述了成吉思汗出生、西征、東征和統一各部落的故事。

斡耳朵即宮殿，曾是蒙古族的皇家住所。成吉思汗有四大斡耳朵。

成吉思汗陵

　　成吉思汗陵是祭祀成吉思汗的紀念建築物，簡稱成陵，由三個蒙古包式的宮殿建築組成，前身為供祭祀用的「八白屋」。

蒙古族將九看作吉祥的數字，九十九級台階從成吉思汗銅像廣場一直通往成吉思汗陵。

鐵馬金帳雕塑羣完整展現了成吉思汗軍陣行宮的真實場景。

忽必烈建立大元

　　忽必烈是成吉思汗的孫子，蒙古汗國的第五代可汗，元朝的開國皇帝，尊號為「元世祖」。他深受漢族文化的影響，推崇儒家思想，在元朝建立後，將國都遷到大都，也就是今天的北京。

元上都遺址 ◎

　　元上都遺址是元代都城的遺址，位於錫林郭勒草原上，入口處建有忽必烈雕像。

草原盛會那達慕

　　每年在水草豐美、牛羊肥壯的黃金季節，蒙古族同胞都會舉行那達慕大會，大會上有摔跤、賽馬、射箭、套馬、下蒙古象棋等民族傳統項目。

　　在那達慕開始前的點火儀式上，騎士們圍着聖火轉三圈，就此拉開序幕。

蒙古象棋

　　蒙古象棋有點像國際象棋，棋子被雕刻成逼真的人物、牲畜、戰車的模樣，很有草原特色。

射箭

蒙古式摔跤

　　蒙古語將蒙古式摔跤稱作「博克」，摔跤手脖頸上套着大大的項圈，上面纏着彩色綢緞，代表曾獲得過殊榮。

套馬

　　套馬原為牧民放牧時管束馬匹的一種技能，現在演變為特色體育項目，有揮桿套馬和繩索套馬兩種，以拉住烈馬者為勝。

烤全羊

　　烤全羊是蒙古族的傳統名菜，曾是元朝宮廷御宴「詐馬宴」中不可缺少的美食。

白食

　　白食指牛、羊、馬的乳製品，如奶皮子、奶酪、奶餅、奶茶等。

那達慕大會

　　那達慕大會通常會伴有美食節，能夠吃到各種蒙古族美食。夜幕降臨時，草原上飄蕩起馬頭琴聲和獨特的呼麥聲，人們圍着篝火載歌載舞，大會洋溢着歡樂的節日氣氛。

下馬酒

　　下馬酒是蒙古族同胞待客的最高禮儀。主人會用銀碗或金杯斟滿酒，托在哈達上，唱起祝酒歌，表達對朋友的歡迎。

馬頭琴

　　馬頭琴是一種兩弦樂器，因琴頭雕飾馬頭而得名，是蒙古族同胞喜愛的樂器。

呼麥

　　呼麥是蒙古族同胞創造的一種神奇的歌唱藝術，可以同時發出兩種音調。

美麗的呼倫貝爾大草原

　　呼倫貝爾擁有遼闊無邊的天然草場和原始森林，每年的六七月份是這裏最美的時節，一望無際的草原像是為大地鋪上了綠色巨毯。呼倫貝爾位於大興安嶺以西，因呼倫湖、貝爾湖而得名，有「牧草王國」的稱號。

海拉爾國家森林公園

　　海拉爾國家森林公園早在清代就被列為呼倫貝爾八景之一，是中國唯一以樟子松為主題的國家森林公園。蒙古百靈、戴勝、啄木鳥等野生鳥類棲息在這裏。

　　樟子松又叫海拉爾松，是中國北方的珍貴樹種，高大粗壯，耐旱抗寒。

莫爾格勒河

莫爾格勒河河道狹窄，蜿蜒曲折，著名作家老舍曾稱它為「天下第一曲水」。河水流經呼倫貝爾大草原，沿岸是牧民放牧的好地方，成羣的牛羊、奔馳的駿馬為它增添了無限生機。

滿洲里鐵路

呼倫湖和貝爾湖

呼倫湖是內蒙古第一大湖，與中蒙邊境上的貝爾湖是一對姐妹湖。呼倫湖畔棲息着魚鷹、天鵝，湖中盛產魚類，是內蒙古大型漁場。

走進阿爾山

在阿爾山，一年四季都能欣賞到別樣的迷人風光。阿爾山全名「哈倫阿爾山」，「阿爾」的蒙古語原意是「聖水」的意思。這裏擁有保護完好的火山熔岩地貌景觀。

阿爾山火車站

阿爾山火車站修建於1937年，車站很小卻很美，至今仍在使用。

阿爾山天池

阿爾山天池位於阿爾山的天池嶺上，是著名的火山口湖，相傳其池水久旱不涸、久雨不溢，水深莫測。

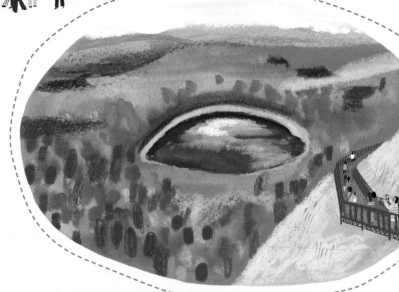

秋季的阿爾山漫山紅遍，別有一番風光。

阿爾山國家森林公園

　　阿爾山國家森林公園位於大興安嶺西南麓，屬於火山熔岩地貌，生態環境好，擁有原始森林、火山口湖、堰塞湖、溫泉、礦泉、高山濕地、峽谷奇峯等自然景觀。

不凍河

　　不凍河屬於阿爾山市哈拉哈河的中段，在寒冷的冬季這段河水也流水淙淙，不會結冰，原因在於這段河流的地下不斷釋放着大量的地熱。

不凍河的兩岸生長着白樺林。

　　嚴寒時節，不凍河兩岸時常出現霧凇奇觀，冰雪堆積在石頭上形成一個個「大饅頭」，而河水仍靜靜流淌，令人稱奇。

我們的母親河 —— 黃河

黃河是中國的第二長河，常被中國人稱為母親河。從地圖上看，黃河幹流像一個巨大的「几」字，自西向東流入渤海。

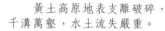
地上河

世界上含沙量最大的河流

黃河流經黃土高原，那裏土層疏鬆，植被破壞嚴重，一遇暴雨，大量泥沙進入黃河，使黃河成為世界上含沙量最大的河流，有「一碗水，半碗泥」的說法。在黃河下游平原地區，河道寬闊平坦，水流減慢，泥沙沉積使河牀逐漸抬高，人們被迫不斷加高堤壩，使黃河成為著名的「地上河」。

黃土高原地表支離破碎，千溝萬壑，水土流失嚴重。

中華民族的搖籃

黃河流域是中國發現古人類最多的地方。被尊為華夏始祖的炎黃二帝，在黃河流域開創了華夏文明的先河。悠久的歷史造就了豐富多彩的文化，留下了眾多的名勝和文化財富。

半坡遺址

西安半坡博物館內保存有半坡遺址的一部分，真切再現了原始村落的生活。

藍田猿人

藍田猿人亦稱「藍田直立人」「藍田人」，是晚期猿人化石，發現於陝西省藍田縣。

粟文化

黃河河道變化不定，無法進行正常的灌溉，人們只能種植不需要經常灌溉的粟，即小米。粟文化標誌着黃河流域農耕時代的開始、農業文明的發端。

半坡人面網紋彩陶盆

半坡人面網紋彩陶盆是一種人面圖案的彩陶盆，是半坡文化的典型代表。

黃河的治理

　　這條母親河自古多憂患，存在着洪水氾濫、泥沙淤積等問題，曾多次決堤改道，形成大面積的氾濫。為治理黃河水，人們採取了植樹種草、修建土壩、退耕還林等措施，如今大規模的改道已經很少見，河水穩定地向東流入大海。

黃河入海口

　　位於山東東營，有完整的濕地生態系統，形成了著名的黃河三角洲，有紅沙灘、黃藍交匯等獨特的景觀，也是鳥類的天堂。

大禹治水

　　中國古代的神話傳說。三皇五帝時期黃河氾濫，大禹受命治理，歷時 13 年終於完成治水大業，留下了「三過家門而不入」的故事。

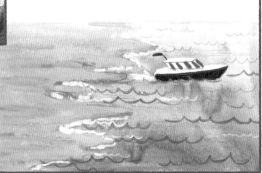

　　黃河在河套地區形成大彎，這裏水草豐美，土壤肥沃，農業、畜牧業等都很發達，民諺説「黃河百害，唯富一套」。

三門峽水利樞紐

　　三門峽水利樞紐被譽為「萬里黃河第一壩」，發揮了防洪、蓄水、灌溉、發電等功能，對引黃灌溉農田非常有益。

古代的西域 —— 新疆

新疆維吾爾自治區簡稱新，古稱西域，意為西部疆域。生活在這裏的少數民族同胞能歌善舞，因此新疆又被稱為歌舞之鄉。

首府：烏魯木齊
人口：約 2523 萬
面積：約 166 萬平方公里

天山

天山將新疆分成南疆和北疆。傳說山頂的天池是王母娘娘的瑤池。

和田玉

和田玉是中國四大名玉之一。

駱駝

新疆有中國最大的沙漠 —— 塔克拉瑪干沙漠。穿行沙漠時駱駝是人們最好的夥伴。

喀納斯湖

喀納斯湖是高山湖泊，位於阿爾泰山脈的邊緣。湖的顏色會隨季節和天氣而變化。

親愛的妹妹：

我來到魔鬼城啦。這裏有很奇怪、很詭異的聲響，可我一點都不怕，因為爸爸說那是風的聲音。如果是你一定會讓爸爸抱得緊緊的，對嗎？

露露

禾木村

禾木村是喀納斯國家地質公園景區的一個村莊。

地形地貌

山脈與盆地相間。

氣候

溫帶大陸性氣候，降水量低。

自然資源

礦產豐富，多石油、天然氣、玉石等。

塔里木胡楊林

葡萄節

　　吐魯番葡萄節上有百餘
種葡萄的展出，還會舉辦吃
葡萄比賽。

五彩灣

　　五彩灣是準噶爾盆地上
一片色彩鮮豔的風蝕地，屬
雅丹地貌。

巴音布魯克草原

　　這裏是雪山環抱下
的世外桃源，有九曲十八
彎的開都河，也有天鵝棲
息的天鵝湖。

獨庫公路

　　獨庫公路是縱貫天山南北的景
觀大道。受山區冬季降雪結冰的影
響，一年僅開放 5 個月。

天山大峽谷充滿了神祕感，紅褐色山崖千姿百態，
峽谷幽靜曲折，令人神往。

黑頭羊

新疆盛產葡萄，大巴扎上出售的葡萄乾一個比一個大，有的還有被標上「葡萄乾的爺爺」的小牌子，很有意思。

烏魯木齊的國際大巴扎

人們通常喜歡稱烏魯木齊為烏市，它是中國距離海洋最遠的大城市。很多人來到烏市，都是為了逛一逛這裏的國際大巴扎，其規模之大世界聞名，各類商品琳瑯滿目，頗具民族特色，還建有大廣場、觀光塔等。

十二木卡姆

十二木卡姆是維吾爾族的一種大型古典音樂形式。第一觀光塔上刻有表演十二木卡姆的浮雕。

巴扎在維吾爾語中是「市場」「集市」的意思。

在大巴扎上，
能品嚐到哈密瓜、
庫爾勒香梨、葉城
石榴等水果。

艾德萊斯綢

艾德萊斯綢是
維吾爾族的特色絲
綢，艾德萊斯意為
「紮染」。

大巴扎中售賣的饢是在饢
坑中烤製出來的，利用饢戳子
可以在饢餅上壓製出各種花紋。

在國際大巴扎上，有機會欣賞到
十二木卡姆和麥西熱甫等歌舞表演。

晾房

晾房是晾曬葡萄乾的地方，用土塊砌成，四壁全是小孔便於空氣流動。裏面木架子上成串的葡萄在流動空氣中自然晾乾，可避免太陽光直射和雨水侵蝕。通常建在山坡上。

沙漠綠洲吐魯番

吐魯番是馳名中外的葡萄城，不但有好吃的葡萄，還有很多文物古跡和遊覽勝地。

吐魯番的葡萄熟了

吐魯番是葡萄的故鄉。這裏氣溫高、日照時間長、晝夜溫差大，非常適合葡萄生長，所產葡萄又大又甜。在吐魯番的火焰山山谷中有一個最大的溝谷，因盛產葡萄而得名，那就是葡萄溝，在那裏能看到不少由葡萄架形成的綠色長廊。每年葡萄成熟時，這裏會舉辦葡萄節。

地下水道坎兒井

坎兒井是吐魯番荒漠地區一種特殊的灌溉系統，也是中國古代三大工程之一，由暗渠、明渠和豎井三部分組成。其水源是山上積雪融化後滲入山間岩石的水流，人們在地下順山勢挖掘，引水灌溉農田，以減少水的蒸發。

坎兒井內景

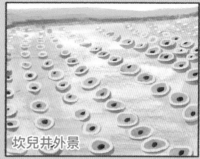

坎兒井外景

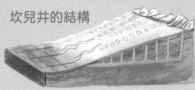

坎兒井的結構

柏孜克里克千佛洞

　　柏孜克里克千佛洞是新疆較大的佛教石窟寺遺址之一，洞窟分佈在吐魯番木頭溝的斷崖上。

沒有過不去的火焰山

　　在遇到極大的困難時，人們常常用「沒有過不去的火焰山」來比喻沒有不能克服的困難，以此來鼓勵自己或他人。人們所說的火焰山位於吐魯番盆地，維吾爾語意為「紅山」，因夏季乾熱，偏紅的山體像火焰一般熾熱，由此得名。在《西遊記》這部神話小說裏，孫悟空踢翻了太上老君的煉丹爐，帶着爐火的磚塊落到人間後形成了火焰山。景區內的西遊文化長廊再現了《西遊記》中的部分故事情節。

火焰山雲梯

喀什古城

　　喀什曾是絲綢之路上的重鎮，全稱為「喀什噶爾」，位於帕米爾高原東部，東臨塔克拉瑪干沙漠，是南疆一座頗有魅力的名城。市中心的古城集中體現了維吾爾族的民俗風情、文化藝術、建築風格等。

喀什古城的城門前，常常會表演仿古入城儀式。

古城街景

　　古城的街道縱橫交錯，猶如迷宮，各式各樣的老建築密密麻麻地排列在一起，就像一座藝術宮殿。位於古城東北的高台民居是喀什的傳統住房，建於幾十米高的黃土高崖上。

喀什土陶

　　喀什土陶被稱為「泥巴藝術」，早在新石器時代就出現了，漢晉時代發展為彩陶。土陶的主要品種為碗、碟、壺、罐等，其中的阿不都壺造型獨特，是當地人洗手用的陶器。

　　除了土陶，在喀什還能看到很多手工藝品，人們可以跟着師傅學習這些手藝。

絢麗的北疆風光：伊犁

伊犁有浪漫的薰衣草園、無垠的草原、爛漫的花海、滿山遍野的牛羊、聖潔的雪山，人們常說「不到伊犁不知新疆之美」。

杏花溝

杏花溝有大片原始野杏林。由於杏花花期短，能看到杏花盛開的時間不長。

解憂公主薰衣草園

伊犁的解憂公主薰衣草園是世界三大薰衣草種植基地之一，其內部的薰衣草博物館是中國唯一一家以薰衣草為主題的科普文化展示館。薰衣草在伊犁民間被稱為解憂草，這個稱呼源自到烏孫國和親的漢朝公主——解憂公主。

那拉提草原

那拉提草原自古以來就是著名的牧場，成羣的牛羊、起伏的山峯、寬闊的河谷和牧民的氈房顯得十分和諧。

特克斯八卦城

　　特克斯城市佈局猶如八卦一般，由此得名八卦城，乘坐熱氣球可以看到整個八卦城的結構。它是一個沒有紅綠燈的城市。

　　八卦城是用牛拉犁劃出來的，如今木犁已經成為八卦城的紀念物。

離街上的烏孫郵局

　　每條街道都用八卦中的一個字來命名，離街就是其中之一，是條有點文藝氣息的街道。

懸空寺上不着天下不着地

懸空寺建於半山腰上，初建時離地面有 90 多米（後因河道淤積，距離變小），上不着天下不着地，儼然一座「空中樓閣」。它到底是怎麼建成的呢？

① 繫繩施工

② 插木為樑
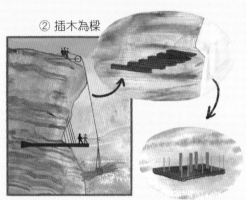

③ 挖掘石窟

工匠們從蜘蛛凌空結網受到啟發，在懸崖上繫下繩索施工，利用工具擴大山體的天然凹槽，鑿出一個平台。從平台上鑿出深達數米的石孔，以便插木為樑。在寺廟內部，進一步向山中挖掘石窟，擴大空間。

奇妙的橫樑

石孔內大外小，插入石孔的橫樑先打上了楔子，橫樑在插入石孔時，慢慢被楔子撐開，牢牢卡在石壁上，這樣便搭建起一個木製平台。橫樑選用堅硬的鐵杉木，預先用桐油長時間浸泡，這樣可以防腐防潮。

防震效果

懸空寺多次遭遇地震，卻毫髮無損，這一方面得益於中國傳統的榫卯結構，另一方面得益於樓閣下方增設的數十根立柱，它們為寺廟增加了額外保險。

內大外小的孔

橫樑上的楔子

重力
支點
反作用力

防水防雨效果

由於坐落在半山腰的天然凹槽中，懸空寺既可以避免洪水的侵襲和雨水的沖刷，還能夠避免木材因暴曬而風化變質。